我和宇宙

［美］陈振盼 / 著绘　刘茜 / 译

新星出版社 NEW STAR PRESS

图书在版编目（CIP）数据

我和宇宙 /（美）陈振盼著绘；刘茜译 . -- 北京：
新星出版社，2022.7（2024.7重印）
　ISBN 978-7-5133-4909-3

Ⅰ . ①我… Ⅱ . ①陈… ②刘… Ⅲ . ①宇宙－儿童读
物 Ⅳ . ① P159-49

中国版本图书馆 CIP 数据核字（2022）第 058848 号

我和宇宙

[美] 陈振盼 / 著绘　刘茜 / 译

责任编辑：李文彧
选题策划：周　杰
责任印刷：李珊珊
装帧设计：欧阳诗汝

出版发行：新星出版社
出 版 人：马汝军
社　　址：北京市西城区车公庄大街丙 3 号楼　100044
网　　址：www.newstarpress.com
电　　话：010-88310888
传　　真：010-65270449
法律顾问：北京市岳成律师事务所

印　　刷：深圳市福圣印刷有限公司
开　　本：787mm×1092mm　1/12
印　　张：4
字　　数：8 千字
版　　次：2022 年 7 月第一版　2024 年 7 月第五次印刷
书　　号：ISBN 978-7-5133-4909-3
定　　价：79.00 元

YOUR PLACE IN THE UNIVERSE by JASON CHIN

著作版权合同登记号：01-2021-5594

本书简体中文版权经HOLIDAY HOUSE PUBLISHING, INC授予心喜阅信息咨询（深圳）
有限公司，由新星出版社独家出版发行。
版权专有，侵权必究。

策划 / 心喜阅信息咨询（深圳）有限公司　　咨询热线 / 0755-82705599　　销售热线 / 027-87396822　　http://www.lovereadingbooks.com

这些孩子今年八岁。

他们的身高大约是本书高度的五倍，

八岁
八岁孩子的平均身高约为 127 厘米。

我 和 宇 宙

我 和 宇 宙

我 和 宇 宙

但只相当于……

厘米
厘米常用来衡量人的身高或更小的事物，比如图书的大小。

这只鸵鸟的一半。鸵鸟是世界上最高的鸟类，可以长到2.5米高。

它比两个八岁的孩子加在一起还要高一点，但还不到……

鸵鸟
身高 2.5 米。

这只长颈鹿的一半。

米

1 米等于 100 厘米。米常用来衡量比人们高的事物，比如鸵鸟和长颈鹿。

长颈鹿是陆地上最高的动物。目前长颈鹿的最高身高纪录是 5.8 米，是鸵鸟身高的两倍多，但长颈鹿还不是世界上最高的生物。

长颈鹿
身高 5.3 米。

最高的生物是树。

红杉是地球上最高的树，其中最高的那一棵有 115.8 米高。这个高度是长颈鹿身高的 20 倍，而且它还在长高。但它的高度还是不如……

这株 橡木 有 30.5 米高。

这株 美洲木棉 有 45.7 米高。

这株 巨杉 有 87.2 米高。

这株 澳洲杏仁桉 有 99.8 米高。

这株 红杉 有 115.8 米高。

那些最高的人造建筑。

世界上最高的建筑比红杉的七倍还要高，而且人们还在建造更高的建筑！但就算是这些高耸的摩天大楼，也还远远不如……

帝国大厦：443 米

埃菲尔铁塔：324 米

哈利法塔：828 米

吉达塔（建造中）：
计划高度 1000 米

地球上最高的山峰。

海平面

珠穆朗玛峰： 海拔 8 848.86 米
珠穆朗玛峰是地球上海拔高度最高的山峰。从山脚起量，绝对高度最高的是美国夏威夷的莫纳克亚山，但它的山脚
远远低于海平面。莫纳克亚山的山顶比山脚高 9 966 米，比珠穆朗玛峰还要高 1 000 多米，但它的一大半都在水下！

从海平面开始测量，珠穆朗玛峰有 8 848.86 米高，相当于人类计划建造的最高建筑的将近 9 倍。但就算是珠穆朗玛峰也完全够不到……

千米

1千米等于1000米。千米常用来衡量比米更长的长度，比如城市间的距离、河流的长度，或者珠穆朗玛峰的高度。

外逸层

地表上空 708 千米到 10 000 千米以上

国际空间站

国际空间站的轨道在热层内，地表上空约 400 千米

太空。

虽然没有明确的边界，但太空通常是指 100 千米以上的高空。国际空间站的轨道在海平面上方约 400 千米。这相当于珠穆朗玛峰高度的 45 倍，但还是远远小于……

热层
80 千米到 708 千米

极光
常被称为"北极光"或"南极光"，
发生在热层内

太空的边界：
地表上空约 100 千米

中间层
50 千米到 80 千米

流星
绝大多数流星在冲进
中间层后烧毁

飞机
喷气式飞机常在
平流层飞行

云
几乎所有的云和所有的
天气都发生在对流层

平流层
11 千米到 50 千米

对流层
地面到上空 11 千米

珠穆朗玛峰
约 8.8 千米

海平面

地球大气： 我们的星球包裹着一层空气外罩，这就是大气。地球大气分为五层。越高的层级空气越稀薄。我们生活在对流层。这里空气最浓密。平流层的空气稀薄到人类难以生存了。外太空的开端在热层，这里的大气极其稀薄。地球大气在外逸层的边缘——地球表面上空超过 9 600 千米的高度彻底消失。

整个星球。

地球的直径是 12 756 千米，是从海平面到外太空边界距离的 128 倍。从远处看，可见的大气层像是一片薄薄的蓝色胶片，包裹着我们的星球，而国际空间站在这个距离上小得根本看不见。地球是巨大的，但它的大小根本比不上……

轨道
像国际空间站这样的卫星沿着圆形或椭圆形的轨道围绕
地球运行。引力让卫星留在环绕我们这个星球的轨道上。

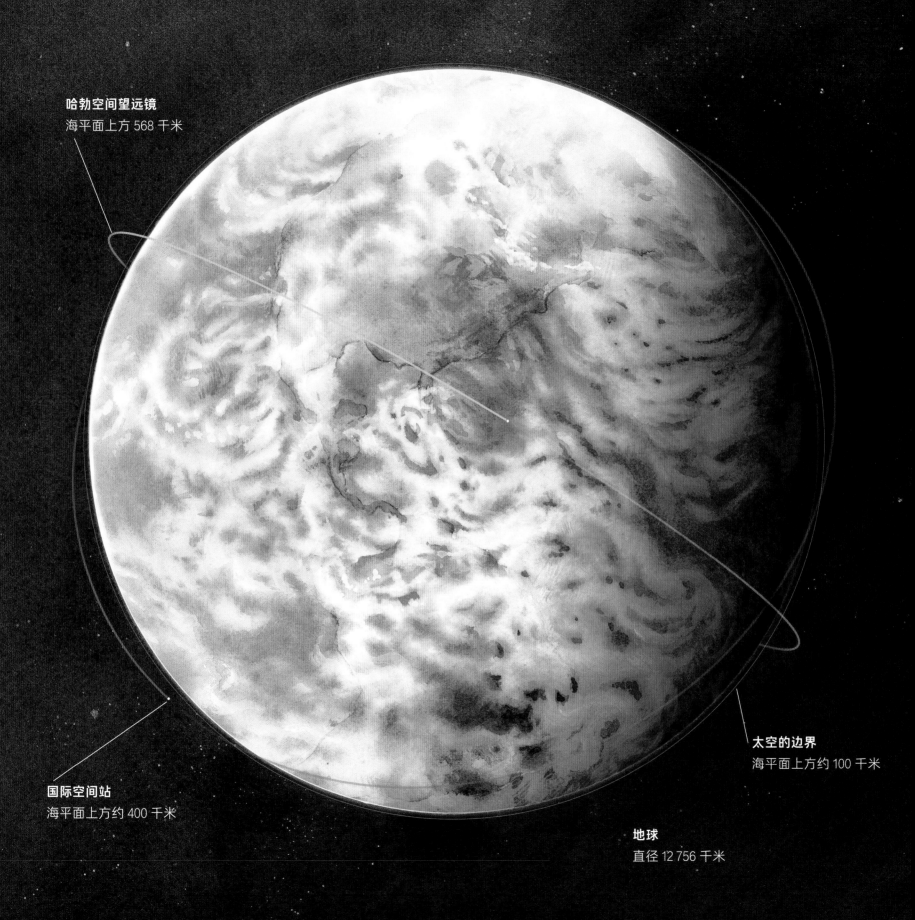

哈勃空间望远镜
海平面上方 568 千米

国际空间站
海平面上方约 400 千米

太空的边界
海平面上方约 100 千米

地球
直径 12 756 千米

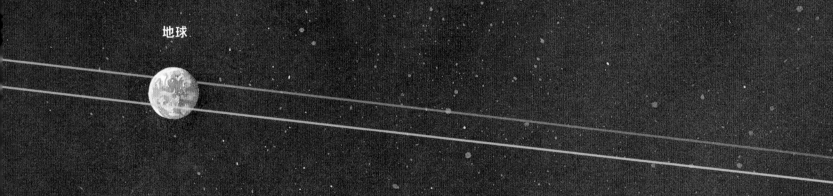

地球

天然卫星
月球是地球的一颗天然卫星，每 27.3 天围绕我们的星球
转一圈。引力把月球留在环绕地球的轨道上。

月球轨道。

月球距离地球 384 400 千米。在地球和月球之间可
以再放 29 个地球。一架每小时能飞 800 千米的喷气式
飞机，需要 19 天才能从地球飞到月球。但月球与地球
的距离也会显得太近，比起……

月球
距离地球 384 400 千米

谷神星
到太阳的平均距离：4.14 亿千米

水星
到太阳的平均距离：5 800 万千米

火星
到太阳的平均距离：2.28 亿千米

金星
到太阳的平均距离：1.08 亿千米

地球和月球
到太阳的平均距离：1.5 亿千米

太阳

内行星
距离太阳最近的四颗行星是水星、金星、地球和火星。它们又被称为岩石行星，
因为它们都由岩石和金属构成，有坚硬的表面。在内行星轨道之外，是小行星带
里数以十万计的岩石小行星。小行星带里最大的成员是一颗矮行星：谷神星。

太阳。

地球离太阳1.5亿千米。一架每小时能飞800千米的喷气式飞机要飞20多年才能抵达太阳。就连太阳光都要花8分钟才能到达地球，而光的传播速度是每秒300 000千米！但地球还只是距离太阳最近的行星之一。

小行星带

光速
光每秒钟走300 000千米。这个速度太快了，一束光每秒钟能环绕地球七圈半（假如光能够拐弯的话）！没有任何东西能跑得比光还快。

太阳系中共有5颗行星位于地球外侧。最远的是海王星，它与太阳的距离是地球的 30 倍。矮行星冥王星与太阳的距离是地球的 40 倍，太阳光要花 5 个半小时才能抵达。冥王星是柯伊伯带的成员，这里有数以亿计的彗星和 4 颗矮行星，但还远不是太阳系的尽头。

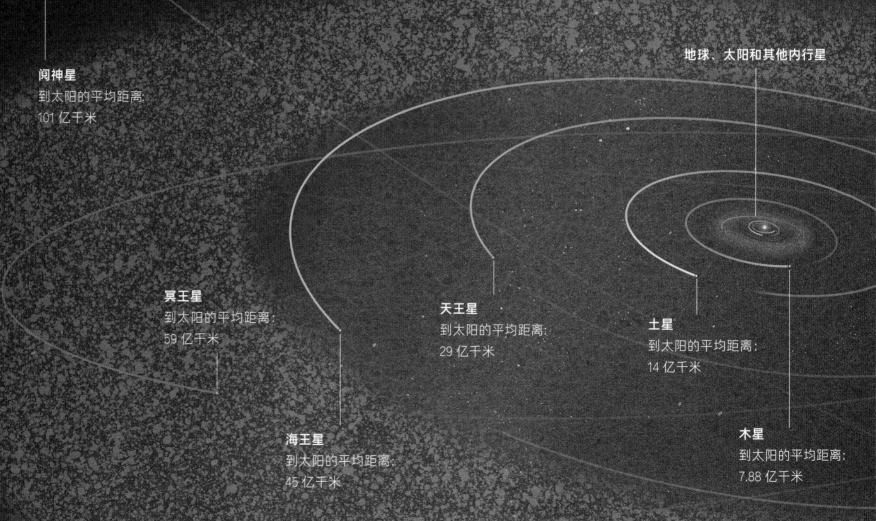

阋神星
到太阳的平均距离：
101 亿千米

地球、太阳和其他内行星

冥王星
到太阳的平均距离：
59 亿千米

天王星
到太阳的平均距离：
29 亿千米

土星
到太阳的平均距离：
14 亿千米

海王星
到太阳的平均距离：
45 亿千米

木星
到太阳的平均距离：
7.88 亿千米

外行星和更远的地方
木星、土星、天王星和海王星是离太阳最远的行星。它们非常大、非常冷，包裹着厚厚的大气。在行星们的外侧是柯伊伯带中的四颗矮行星——阋神星、冥王星、妊神星和鸟神星——和数以亿计的彗星，天文学家相信在更远的地方还有上万亿颗彗星。它们是我们的太阳系中最遥远的天体。

科学家相信在柯伊伯带之外还有数以万亿计的彗星。其中最远的比太阳离我们远 100 000 倍。阳光需要超过一年的时间才能抵达它们，因此太阳系的边缘位于一光年之外。但我们的太阳系还只是一粒小小的尘埃，比起……

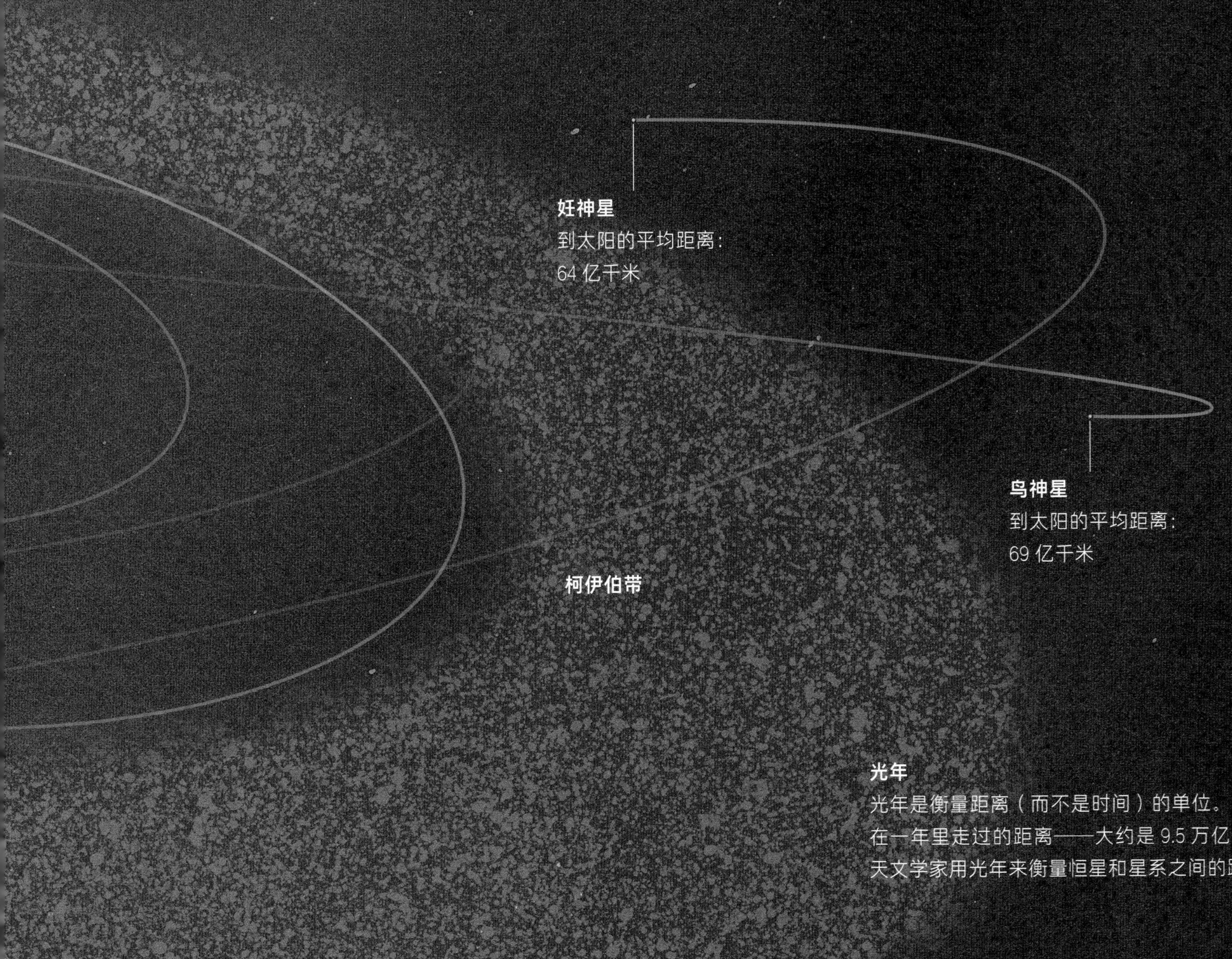

妊神星
到太阳的平均距离：
64 亿千米

鸟神星
到太阳的平均距离：
69 亿千米

柯伊伯带

光年
光年是衡量距离（而不是时间）的单位。它是光在一年里走过的距离——大约是 9.5 万亿千米。天文学家用光年来衡量恒星和星系之间的距离。

人马座 A*
银河系中心的黑洞

我们的太阳系
距离星系中心 27 000 光年

银河系
星系是被引力聚集在一起的恒星们组成的团体。银河系是一个旋涡星系，就像我们
的太阳系里行星们围绕着太阳转一样，银河系里的恒星们也绕着银河系的中心转动。
藏在银河中心的是一个黑洞，名叫人马座 A*，质量是太阳的 400 多万倍。

我们的星系。

银河系的直径有 100 000 光年，包含了至少 1 000 亿颗恒星。其中之一就是我们的太阳。因为远处的星星数量太多，它们看上去混为一体，像是天空中发亮的云带。我们距离银河系的中心大约 27 000 光年，就算我们能以光速旅行，也要花上 27 000 年才能到达银心（银河系的中心）！但这还算不上什么，比起前往……

仙女座星系。

仙女座星系是离我们最近的大型星系，它在 250 万光年之外——你需要用光速走上 250 万年才能抵达它。仙女座星系和银河系都是被称为本星系群的星系团体的一员。本星系群包含大约 50 个星系，分布在数百万光年的空间里，但星系群还只是个小不点，比起……

仙女座星系
距离地球大约
250 万光年

银河系

看向过去
仙女座星系的光要 250 万年才能抵达地球。也就是说，我们看向仙女座星系的时候，看到的是 250 万年前的光，带来的是仙女座星系 250 万年前的模样——我们在看向过去！

星系团。

星系团比星系群大得多。室女座星系团是我们附近最大的星系团。它包含大约 2 000 个星系，位于大约 5 000 万光年之外；但这样的星系团还有很多。许多的星系团和星系群围绕在室女座星系团周围，组成了本超星系团。但即便是本超星系团也只是一个更大结构的一小部分，那就是……

本星系群

室女座星系团
距离地球大约
5 000 万光年

你看得越远……
你看得越远，就会看到越古老的过去。如果你看向太阳，看到的是 8 分钟前的它——你看到 8 分钟前的过去。如果你看向仙女座星系，看到的就会是 250 万年前的过去。如果你看向室女座星系团，看到的将是 5 000 万年前的过去。

宇宙网。

　　星系们组成了成百上千万光年长的巨大链条，交织在空间中。星系团就在这些链条交会的地方，在星系与星系之间是广阔的真空，被称为巨洞。人们把这样的图景称为宇宙网，它朝各个方向延伸出几十上百亿光年，像是一个巨大的三维网络。这就是最大的结构，它占据了……

本超星系团
我们可能位于一个
像这样的巨洞中。

宇宙网
这幅图画展示了由星系组成的链条和其间的巨洞所交织成的宇宙网，但并没有画出
每一个星系的真实位置。有证据显示，我们的超星系团可能位于一个巨洞中，但还
不能确认。

可观测宇宙的边缘

这是我们从地球能看到的最远处，
大约 130 亿年前的光出发的地方。

我们在这里。

但这里并不是宇宙的中
心，只是我们能看到的
范围的中心。

可观测宇宙

可观测宇宙是我们从自己的位置所能看到的
宇宙范围。这片时空非常广阔，估计包含有 2
万亿个星系，但这还不是宇宙的全部。可观
测宇宙的中心是我们自己，但我们并不是整
个宇宙的中心。

整个宇宙。

宇宙是一切的总和：所有的恒星和星系，所有的行星，还有所有的空间。它是我们所知道的最宏大的舞台，而且有可能永远存在，但我们无法确认这一点。因为我们能看到的最远处也只有大约 130 亿年前的光。在这个范围内的一切事物，组成了可观测宇宙。它是我们能够看到的时空范围……

从我们所在的地方。

在广阔的宇宙网中，在银河系中，在太阳系中，有一颗小小的蓝色星球，这就是地球。地球是我们知道的唯一有生命的星球。它也是我们知道的唯一有树、有长颈鹿、有鸵鸟的星球。它还是我们知道的唯一一颗有孩子们在仰望星空的星球，他们想象着……

自己在宇宙中的位置。

超越人类的尺度

我们很容易理解日常生活中事物的大小，比如书本、建筑和树木。这些物体的大小可以和我们自身相比较，测量起来也不难。更长的距离，比如珠穆朗玛峰的高度和太空边界线的距离，就远远超出了日常的经验，理解起来有点难度。我们的太阳系、我们的银河系，还有整个宇宙处在更广阔的巨大尺度上，甚至连想象都很困难。依靠精确的测量、测绘和建立模型，我们开始能够理解的不只是我们自身的大小，还有我们在宇宙中的位置。通过测量其他行星、恒星和星系到我们的距离，天文学家已经向我们展示了宇宙的尺度，并开始揭示我们在宇宙中的确切位置。

天文学与望远镜

天文学家是关心地球之外都有些什么的科学家，他们的研究包括恒星、行星和星系。望远镜是天文学家最重要的工具。在望远镜的帮助下，我们可以研究那些肉眼看来太小和太暗的恒星和星系。望远镜让天文学家能够测量恒星、行星和星系的距离，了解我们在宇宙中的位置。

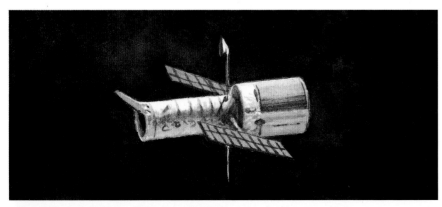

哈勃空间望远镜是目前为止最强大的望远镜之一。

地球和太阳系

地球是我们的家园，在位于地球表面的我们看来，它无疑是非常巨大的。地球的直径有 12 756 千米，围绕赤道一周的长度有 40 073 千米。3 100 万个 8 岁孩子躺下来排成一字长蛇阵，一个的脑袋挨着另一个的脚趾尖，才能绕这个巨大的球体一圈。地球上的最高点是珠穆朗玛峰，最低点是太平洋马里亚纳海沟的底部。

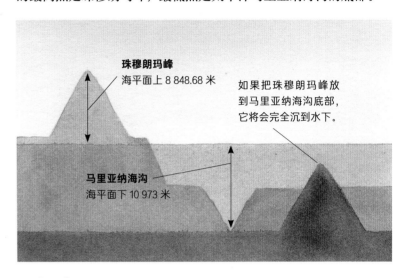

珠穆朗玛峰
海平面上 8 848.68 米

如果把珠穆朗玛峰放到马里亚纳海沟底部，它将会完全沉到水下。

马里亚纳海沟
海平面下 10 973 米

地球大气

地球的大气让生命能够在这颗星球上生存。大气保护着我们不受太阳有害辐射的威胁，它留存的热量让我们感到温暖，还提供我们呼吸的空气。地球大气共有五层，我们居住在其中的对流层。几乎所有的云和天气现象都在对流层，这也是能让我们自由呼吸空气的唯一一层。如果地球和篮球一样大，对流层的厚度就只相当于一张明信片！

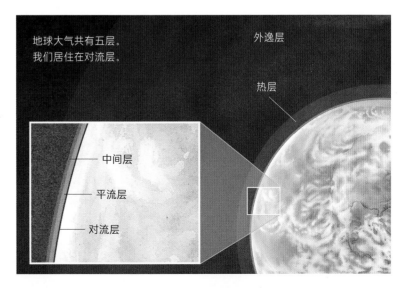

地球大气共有五层。
我们居住在对流层。

外逸层

热层

中间层

平流层

对流层

太阳系

我们的太阳系由太阳和围绕它运行的所有天体组成。太阳系里共有八颗行星，五颗已知的矮行星，一百多颗卫星，几千亿颗彗星，还有上百万颗小行星。太阳系向外直到柯伊伯带边缘的部分像一只扁平的盘子，盘子的直径有 160 亿千米。科学家相信在太阳和行星的外侧包围着分布非常广的球形的奥尔特云。没人知道奥尔特云的边缘在哪，但估计会在距离太阳 1.5 万亿千米到 14.5 万亿千米（大约 1.5 光年）的范围内！

地球

内行星和小行星带

外行星和柯伊伯带

奥尔特云

宜居行星

在太阳系的所有天体中，地球是位置合适、能够保有液态水的那一个——这就是它能存在生命的原因。如果地球距离太阳太近，水就会因为太热而蒸发。如果地球离得太远，水又会因为太冷而冻结。地球的位置刚刚好——不太近也不太远，不太热也不太冷——所以被称为宜居行星。

太阳和行星

行星的大小相差很大。冥王星是一颗矮行星，它比月球还小，而最大的行星木星，肚子里装得下一千多个地球。但太阳还要更大——可以装下一百多万个地球！

水星　金星　月球　地球　火星　木星　土星　天王星　海王星　太阳

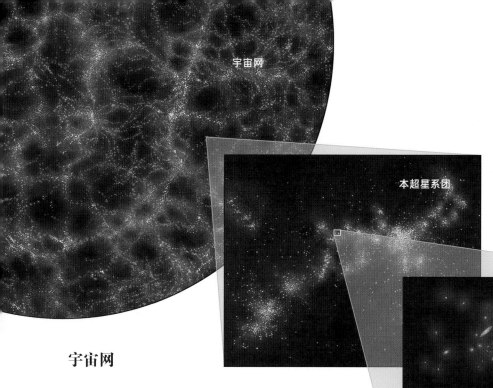

宇宙网

宇宙

　　宇宙是所有空间及其包含事物的总和。我们只能看到宇宙整体中的一部分,这部分被我们称为可观测宇宙。宇宙空间延伸到我们可见的范围之外,但既然我们无法看到,也就不可能知道自己在整个宇宙中的位置。在这幅可观测宇宙的插图中,我们似乎位于一切的中心,但这只是假象。可观测宇宙以我们为中心,但这并不代表我们就在整个宇宙的中心。实际上,天文学家认为宇宙根本没有中心!

本超星系团

本星系群

银河系

太阳系

宇宙网

　　星系们在宇宙空间中沿着宇宙网的脉络分布。一些空间区域只有相对很少的星系,这样的区域被称为巨洞,而另一些区域有着密集的星系。我们位于一个叫作本超星系团的星系群体中。

星系群和星系团

　　星系群和星系团都是星系的集合,所有星系彼此之间的引力让它们保持在一起。星系群包含几十个星系;星系团包含的星系更多。室女座星系团大约包含两千个星系,我们的本星系群就在它附近。

星系

　　星系是被引力聚集在一起的数量庞大的恒星团体。它们可能包含数百万甚至数以亿计的恒星。有些星系包含的恒星数量超过一万亿!许多星系的中心有着超大质量的黑洞,比如银河系。银河系有超过一千亿颗恒星。

行星系统

　　行星系统由恒星和围绕恒星的行星们组成,就像我们的太阳系一样。引力维系着整个系统。在太阳系外有成千上万个行星系统,围绕其他恒星运行的行星被称为系外行星。目前,天文学家已经发现了四千多颗系外行星,预计还会发现更多。

你好，地球人！

地球
太阳系
银河系
本星系群
本超星系团
宇宙

我们的宇宙地址

如果你的朋友想给你寄张明信片，她得先知道你的地址。她需要写明你的门牌号、街道、省市，可能还要写上国家。但如果她在另一个星系，是一位外星人呢？要把信件寄到地球，外星人需要我们的宇宙地址，一个能说明我们在宇宙空间中所处位置的地址。

光年

光年是衡量距离（而不是时间）的单位。它是光在一年里走过的距离——大约 9.5 万亿千米。恒星和星系之间的距离常常用光年计量，这告诉我们光需要多长时间才能从这些天体抵达我们这里。比如，来自 10 光年外的恒星发出的光，需要 10 年时间抵达我们这里。

望向过去

因为来自恒星和星系的光需要时间抵达地球，我们总是看到它们过去而不是现在的模样。比如，太阳光需要 8 分钟才能抵达地球。我们看到的阳光是在 8 分钟前离开太阳的，它带来的也是 8 分钟前太阳的样子——这相当于我们看到了 8 分钟前的过去。距离越远的天体发出的光抵达我们需要越多的时间，我们也就看到了越遥远的过去。距离太阳最近的恒星（比邻星）在 4.2 光年外，所以我们看到的是它 4.2 年前的模样。仙女座星系在 250 万光年外，所以我们看到的是它在 250 万年前的模样。

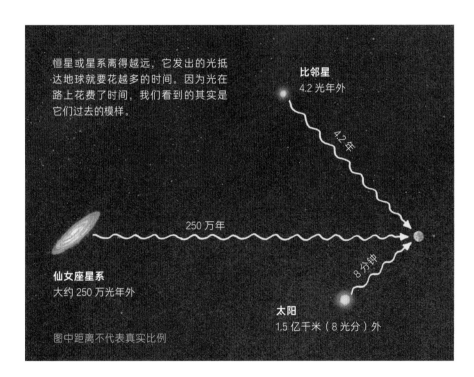

恒星或星系离得越远，它发出的光抵达地球就要花越多的时间。因为光在路上花费了时间，我们看到的其实是它们过去的模样。

比邻星
4.2 光年外

4.2 年

250 万年

仙女座星系
大约 250 万光年外

图中距离不代表真实比例

8 分钟

太阳
1.5 亿千米（8 光分）外

我们看到的最远的地方

天文学家相信宇宙的年龄大约是 130 亿年（虽然确切的数字还没有定论），正是宇宙的年龄决定了我们最多能看多远。当我们向宇宙深处看得越来越远，我们也是在看到越来越古老的过去，但如果想要看到比光在 130 亿年前出发时更远的地方，那就相当于看到 130 亿年前的过去。那时候宇宙还不存在，所以在 130 亿光年外什么也没有！

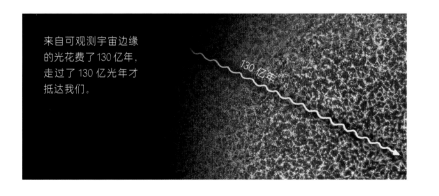

来自可观测宇宙边缘的光花费了 130 亿年，走过了 130 亿光年才抵达我们。

130 亿年

作者的话

思考宇宙的大小，常常会让我感觉到自己的渺小。毕竟，宇宙中有成千上万亿个星系，每一个星系里有数以亿计的恒星，许多恒星还有围绕着它们的行星。我们人类只是生活在一个小小星球上的小小动物，星球外一层薄薄的空气毯子把我们和寒冷的太空隔离开来。我觉得自己像是漂浮在所有这些恒星和星系中的一粒无足轻重的尘埃，直到我想起，像我们这样想象自己在群星间的位置是多么特别的一件事。在整个宇宙中，地球是我们已知的唯一有生命的星球；而在我们已知的所有生物中，人类是唯一能够理解太空有多么广阔的物种。我们可以把整个宇宙放进我们的头脑，并开始理解我们在其中的位置。这是非常特别的，虽然我们确实渺小，但并不是无足轻重的。

关于宇宙的年龄

宇宙的年龄通常被认为是 138 亿年，但最近的研究显示宇宙有可能更年轻一些（年龄可能降低到 125 亿年）。本书中我采用了大约 130 亿年的说法，期待天文学家在未来得到更精确的数字。

关于插图

为了展示地球上和宇宙中各种物体的大小和距离，本书插图都是按照真实比例绘制的。不过，在描绘整个太阳系的时候，为了更好地表达宇宙的结构，我也做了一些变通。我用点代表行星，也加上了代表小行星带和柯伊伯带的纹理，其实在这个尺度上，行星、彗星和小行星都是看不见的。描绘银河系及其外部的图片是一种艺术诠释，因为这样的场景是不可能从地球直接观测到的。我根据一些与银河系结构相似的星系照片来描绘银河系。我们的星系邻居一图只显示了星系的大致位置。宇宙网和可观测宇宙的插图展示了星系在宇宙空间中的分布脉络，但并没有画出真实的星系。图中的星系的绘制依据是基于红移巡天的计算机建模和渲染，比如斯隆数字巡天计划。

参考资料

图书

Bennett, Jeffrey, Megan Donahue, Nicholas Schneider, and Mark Voit. *The Cosmic Perspective: The Solar System*. 7th ed. New York: Pearson, 2014.

Bennett, Jeffrey, Megan Donahue, Nicholas Schneider, and Mark Voit. *The Cosmic Perspective: Stars, Galaxies and Cosmology*. 8th ed. New York: Pearson, 2017.

Chambers, John, and Jacqueline Mitton. *From Dust to Life: The Origin and Evolution of Our Solar System*. Princeton, NJ: Princeton University Press, 2014.

Gott, J. Richard. *The Cosmic Web: Mysterious Architecture of the Universe*. Princeton, NJ: Princeton University Press, 2016.

网址

植物、动物和建筑

- https://www.nationalgeographic.com/animals/
- https://plants.usda.gov/
- https://www.skyscrapercenter.com

地球的大气层

- https://www.nesdis.noaa.gov/content/peeling-back-layers-atmosphere
- https://scied.ucar.edu/atmosphere-layers
- https://www.weather.gov/jetstream/layers

天文学

- https://nssdc.gsfc.nasa.gov
- https://sci.esa.int/gaia/
- https://solarsystem.nasa.gov
- https://www.sdss.org/